# UNIT 1

## 1.1 Working with numbers

*Page 1* **HWK 1M**

| | | | | |
|---|---|---|---|---|
| **1.** 5286 | **2.** 0·42 | **3.** 7·2 | **4.** 1·07 | **5.** 30 |
| **6.** 6·14 | **7.** 41·46 | **8.** 0·008 | **9.** 10·8 | **10.** 8263 |
| **11.** 3·87 | **12.** 16 020 | **13.** 327 | **14.** 0·3802 | **15.** 6·5 |
| **16.** 11 100 | **17.** 5·2 | **18.** 0·254 | **19.** 7600 | **20.** 0·32 |
| **21.** £34·40 | **22.** 42p | **23.** eg. $2 \times 4 - 1 \times 3 = 5$ | **24.** 12 | **25.** Q, R, P |

*Page 1* **HWK 1E**

**1.** (a) true  (b) true  (c) false  (d) true  (e) false  (f) true

**2.** (a) 21  (b) 44  (c) 20  (d) 8  (e) 12  (f) 44
   (g) 10  (h) 4  (i) 4  (j) 0  (k) 17  (l) 12

**3.** (a) $(7 + 6) \times 2 = 26$  (b) $3 + (9 \times 5) = 48$  (c) $(28 - 20) \times 4 = 32$
   (d) $(32 \div 8) - 2 = 2$  (e) $6 + (3 \times 4) - 6 = 12$  (f) $(45 \div 5) + 12 - 7 = 14$
   (g) $40 - 6 - (10 - 2) = 26$  (h) $28 - (14 - 6) - 3 = 17$

*Page 2* **HWK 2M**

**1.** (a) $28 \times 14 = 392$  (b) $368 \div 8 = 46$  (c) $1038 \div 6 = 173$
   (d) $2107 - 1468 = 639$  (e) $17 \times 23 = 391$  (f) $16^2 \div 32 = 8$

**2.** (a) $5 \times 7 \ominus 5 = 30$  (b) $8 \ominus 10 + 4 = 2$  (c) $54 \div 9 \oplus 3 = 9$
   (d) $4 \times 10 \oplus 6 = 46$  (e) $72 \div 8 \ominus 5 = 4$  (f) $28 + 7 \ominus 15 = 20$

**3.** (a) $\begin{array}{r} 415 \\ -296 \\ \hline 119 \end{array}$  (b) $\begin{array}{r} 367 \\ +429 \\ \hline 796 \end{array}$  (c) $\begin{array}{r} 384 \\ -168 \\ \hline 216 \end{array}$  (d) $(12 - 8)(3 + 6) = 8^2 - 2^2 - 24$

   (e) $\dfrac{8(6 + 6)}{30 - 6} = 10 - 2 \times 3$

**4.** eg. $6 + 5 \times 3 - 7 = 14$, $6 \times 7 - 3 \times 5 = 27$, $3 + 5 + 7 - 6 = 9$, $7 + 6 \div 3 - 5 = 4$

*Page 2* **HWK 3M**

**1.** 13, 26, 39, 52, 65, 78   **2.** 1, 30, 2, 15, 3, 10, 5, 6   **3.** 1, 48, 2, 24, 3, 16, 4, 12, 6, 8

**4.** 12   **5.** (a) 8  (b) 15  (c) 15

**6.** (a) 13  (b) 4  (c) 20  (d) 91

**7.** (a) 24  (b) 14  (c) 75

**8.** eg. $a = 9$, $b = 5$   **9.** 69   **10.** 26th May

*Page 3*  **HWK 3E**

**1.** 23, 29

**2.** (a) 90 = 2 × 45; 45 = 9 × 5; 9 = 3 × 3 
(b) 72 = 9 × 8; 9 = 3 × 3; 8 = 2 × 4; 4 = 2 × 2

**3.** 180  **4.** (a) $2^2 \times 7$  (b) $2^3 \times 3 \times 5$  (c) $2 \times 3 \times 5^2$  **5.** 42  **6.** 242550

**7.** 126126  **8.** 21  **9.** 4  **10.** eg. 7, 19 and 23

*Page 4*  **HWK 4M**

**1.** £72  **2.** 252  **3.** (a) 4:3  (b) 2:8:5  (c) 3:5:4

**4.** 4:9  **5.** Dan 15, Jane 10, Tariq 20  **6.** Tom 32, Rita 12, John 20

**7.** (a) 1:20  (b) 1:5  (c) 1:4  **8.** 35°  **9.** $\dfrac{13}{18}$

*Page 4*  **HWK 4E**

**1.** 9 litres  **2.** 4 : 3  **3.** 375 g  **4.** (a) 1 : 9  (b) 4 : 9  (c) 9 : 4

**5.** £288  **6.** (a) $n = 4$  (b) $n = 14$  (c) $n = 12$  (d) $n = 20$

**7.** (a) 3·5 cm  (b) 5 cm  (c) 7 cm  **8.** 19 800 m²  **9.** 12·5 km  **10.** 0·24 km²

*Page 5*  **HWK 5M**

**1.** 5·96  **2.** 2·57  **3.** 3·53  **4.** 1·12  **5.** 5·66  **6.** 2·16

**7.** 0·41  **8.** 0·65  **9.** 10·27  **10.** C, A, B  **11.** 39·168 m²  **12.** 7·4

*Page 6*  **HWK 5E**

**1.** $\dfrac{13}{28}$  **2.** $\dfrac{53}{63}$  **3.** $\dfrac{5}{12}$  **4.** $\dfrac{2}{99}$  **5.** $\dfrac{27}{56}$  **6.** $3\dfrac{14}{15}$

**7.** $1\dfrac{2}{3}$  **8.** $\dfrac{5}{18}$  **9.** $\dfrac{16}{45}$  **10.** $\dfrac{34}{135}$  **11.** $\dfrac{259}{432}$  **12.** $4\dfrac{49}{144}$

**13.** (a) £6·68  (b) £1·52  **14.** (a) $2\dfrac{3}{4}$  (b) $\dfrac{3}{5}$  (c) $1\dfrac{1}{4}$  (d) $\dfrac{1}{2}$

*Page 7*  **HWK 6M/6E**

**1.** (a) 10  (b) −48  (c) 2  (d) −2  (e) 28  (f) −13

(g) 25  (h) −5  (i) 36  (j) −2  (k) 24  (l) −5

(m) 4  (n) −12  (o) −54  (p) 64  **2.** A  **3.** (a) −3

(b) −3  (c) −10  (d) $-\dfrac{1}{2}$  **4.** 0  **5.** Q  **6.** 62

**7.** (a) −8  (b) −27  (c) 48  (d) 144  (e) 135  (f) −200

(g) 16  (h) 8  (i) −2  (j) 2  (k) −2·5  (l) $7\dfrac{7}{12}$

*Page 7*  **HWK 7M**

1. 2516  2. 8464  3. 6264  4. 20064  5. 34  6. 36
7. 19  8. 38  9. £63·84  10. 46p  11. 6016 mm$^2$  12. 319
13. 27  14. B, C, A

*Page 8*  **HWK 8M**

1. $60\% = \frac{3}{5}$,  $0·31 = \frac{31}{100}$,  $0·4 = 40\%$, $8\% = \frac{2}{25}$,  $0·35 = \frac{7}{20}$

2. Corsa is cheaper by £75  3. (a) $\frac{2}{5}$, 42%, 0·43  (b) 0·08, 11%, $\frac{3}{25}$

4. 36 minutes  5. 51·6%  6. 0·00405  7. 37·5%

**Using algebra**

*Page 9*  **HWK 1M**

1. $15y$  2. $36x$  3. $5a$  4. $3p$  5. $8m$  6. $40y$  7. $36n$
8. $3m$  9. $p^2$  10. $4n^2$  11. $5y^2$  12. $16a^2$  13. $24y^2$  14. $3m$
15. $3a$  16. $30p^2$  17. $8a$  18. $8y^2$  19. $20ab$  20. $54pq$  21. $8p$
22. $63mn$  23. $105y$  24. $36a^2$  25. $5n$  26. $49m^2$  27. $2m$  28. $\frac{b}{c}$
29. $9m$  30. $m + 3n$  31. $2n$  32. $3n - 8$

33. (a) false  (b) true  (c) true  (d) false  (e) false  (f) false

*Page 9*  **HWK 1E**

1. $3n + 24$  2. $4x - 12$  3. $12n + 9$  4. $-6 - 27x$  5. $-18m + 63$
6. $15m + 25n - 35$  7. $-8x + 20$  8. $6n^2 + 30n - 18$  9. $38a + 13$  10. $22x + 38$
11. $4n + 2$  12. $16y - 3$  13. $5x + 11$  14. $11n + 64$  15. $6m + 12$
16. $11y + 31$  17. $34n + 106$  18. $4(3m - 7) = 12m - 28$
19. $8(2x + 3) = 16x + 24$  20. $5(4n - 9m + 2) = 20n - 45m + 10$
21. $7(2a - 5b - 3c) = 14a - 35b - 21c$  22. $8 - (2 - 5a) = 6 + 5a$
23. $3(2x + 5y + 1) + 4y = 6x + 19y + 3$

*Page 10*  **HWK 2M**

1. (a) ×6, +4, ×5  (b) square, −9, ÷7  (c) ×4, +6, square, −5  (d) ×5, −2, square, +6, ÷8

2. (a) $5(4n + 9)$  (b) $3(n^2 - 6) + 1$  (c) $\frac{4(n + 4)^2}{7}$

3. true  4. true  5. true  6. false  7. false  8. false
9. true  10. false  11. true  12. false  13. false  14. true
15. true  16. true  17. false  18. false  19. true  20. false

Page 11  HWK 2E

1. $y^2 + 2y$
2. $n^2 - 3n$
3. $a^2 - 9a$
4. $3n^2 + 6n$
5. $5x^2 - 15x$
6. $9m^2 + 36m$
7. $2y^2 - 20y$
8. $24n + 4n^2$
9. $6a^2 + 8a$
10. $8x^2 - 4x$
11. $4m^2 + 7m$
12. $6x + 18x^2$
13. $10y^2 - 30y$
14. $24n + 12n^2$
15. $12y^2 - 48y$
16. $32n^2 + 72n$
17. $3a(a - 6) = 3a^2 - 18a$
18. $5n(n + 2) = 5n^2 + 10n$
19. $3m(2m + 1) = 6m^2 + 3m$
20. $2y(4y - 3) = 8y^2 - 6y$
21. $m(m - 4) = m^2 - 4m$
22. $2(3a + 2) + 4(a + 6) = 10a + 28$
23. $5(3n - 2) + 6(2n + 3) = 27n + 8$
24. $4(5n + 6) + 3(1 + 4n) = 32n + 27$

Page 11  HWK 3M

1. $5x + 1$
2. $5x + 17$
3. $6x + 9$
4. $x + 10$
5. $17x - 6$
6. $20x + 26$
7. $4x + 7$
8. $25x + 12$
9. $x + 23$
10. $7x + 1$
11. $5x + 29$
12. $18x + 20$
13. (a) true  (b) false  (c) false
14. (a) false  (b) true  (c) true
15. $24x^2 + 48x$

Page 12  HWK 4M

1. $-2$
2. $\frac{1}{5}$
3. $-2$
4. $\frac{1}{9}$
5. $-4$
6. $\frac{7}{8}$
7. $-6$
8. $\frac{6}{7}$
9. $\frac{3}{4}$
10. $\frac{9}{10}$
11. $-4$
12. $-1$
13. $1$
14. $3$
15. $\frac{5}{7}$
16. $-4$
17. $6$
18. $-31$
19. $-5$
20. $-15$
21. $4\frac{1}{2}$
22. $0$
23. $\frac{1}{2}$
24. $-2$
25. $59\,\text{cm}$

Page 13  HWK 4E

1. $4$
2. $2$
3. $6$
4. $3$
5. $2$
6. $5$
7. $7$
8. $-3$
9. $-4$
10. $-6$
11. $\frac{7}{10}$
12. $4\frac{1}{2}$
13. $-\frac{2}{3}$
14. $\frac{1}{4}$
15. $-\frac{1}{2}$

Page 13  HWK 5M/5E

1. $2$
2. $10$
3. $40°, 40°, 100°$
4. $56, 58, 60, 62, 64$
5. Chloe £7, Matt £4, Amber £32, Dan £17
6. $24\,\text{cm}^2$
7. ten 250 g weights and fifteen 2 kg weights
8. $88°$
9. $6$
10. $88\,\text{cm}$

Page 14  HWK 6M/6E

1. $3(4a - 5)$
2. $7(2m + 3)$
3. $10(n - 3)$
4. $x(10x - y)$
5. $2a(3a + 2)$
6. $3a(a + 2b)$
7. $5(3x - 7y)$
8. $7(3a + 7b)$
9. $5(4m + 9n)$
10. $2(4m + 9n + 3p)$
11. $3(3a + 7b - 4c)$
12. $5(3p + 9q - 2r)$
13. $6(5 + 3b - 6c)$
14. $2(4m - n - 4p)$
15. $4(5x - 4y + 6z)$
16. $x(x + 5)$
17. $y(9y + 7)$
18. $a(1 - 3a)$
19. $4x(2x - 3)$
20. $a(b - a)$
21. $3n(3n + 1)$
22. $4a(4a - 3b)$
23. $2n(10n + 3)$
24. $5xy(2 + z)$

**25.** $x(5x + 8y)$  **26.** $2mn(3p - 4)$  **27.** $7ab(2 - 3c)$  **28.** $3p(p + 4qr)$
**29.** $n(n^2 + m)$  **30.** $x(x^2 + 1)$

## 1.3 Congruent shapes and construction

*Page 15*   **HWK 1M/1E**

**2.** $26°$ or $27°$   **4.** (a) yes, ASA  (b) yes, RHS  (c) no  (d) yes, SSS

**5.** No, similar not congruent   **6.** $8·5$ km

## 1.4 Geometrical reasoning

*Page 16*   **HWK 1M**

**1.** rhombus   **2.** rectangle   **4.** false

**5.** (a) $a = 107°$  (b) $b = 45°$  (c) $c = 109°$  (d) $d = 116°, e = 64°$  (e) $f = 58°$

(f) $g = 124°$  (g) $h = 155°$  (h) $i = 96°$  (i) $j = 36°, 4j = 144°$

**7.** square, kite, rhombus

*Page 18*   **HWK 1E**

**1.** $a = 99°$   **2.** $b = 120°$   **3.** $c = 33°, c + 15° = 48°, 3c = 99°$

**4.** $d = 27°$   **5.** $e = 63°$   **6.** $f = 80°, f + 20° = 100°, g = 20°$

**7.** $h = 35°$   **8.** $i = 57°$   **9.** $k + 53° = 106°, 2k = 106°, j = 74°$

**10.** $P\hat{X}R = 57°$

*Page 18*   **HWK 2M**

**1.** $2160°$   **2.** (a) $1800°$  (b) $2520°$  (c) $3240°$   **3.** sum $= 1080°, x = 107°$

**4.** sum $= 1440°$, interior angle $= 144°$   **5.** $a = 105°, b = 92°, c = 106°, d = 24°, e = 96°, f = 90°$

*Page 19*   **HWK 2E**

**1.** $45°$   **2.** (a) $72°$  (b) $108°$   **3.** (a) (i) $18°$  (ii) $12°$

(b) (i) $162°$  (ii) $168°$   **4.** (a) $24°$  (b) 15   **5.** 9   **6.** 15

**7.** $a = 137°, b = 144°, c = 51°$   **8.** $x = 126°$   **9.** $x = 132°$   **10.** $x = 8°$   **11.** 24

## 1.5 Data handling

*Page 21*   **HWK 1M/1E**

**1.** 12 and 19   **2.** 60 kg

**3.** (a) Ann : mean $= 5$, range $= 6$
Sasha : mean $= 6$, range $= 6$
Michael : mean $= 6$, range 11
(b) Sasha gets the job (highest $=$ mean and lowest range)

4. (a) 3·04  (b) 2  (c) 3   5. (a) range = 56, median = 37   (b) range = 36, median = 29
(c) The people in the Crown are generally younger (lower median and smaller range).   6. 500·06 g

*Page 22*   **HWK 2M/2E**

1. (a) 130·4 cm   (b) 1·5 m   2. (a) 239·75 s   (b) using mid-points of intervals not individual values
3. $n = 12$   4. $x = 7$

*Page 23*   **HWK 3M**

1. (a) 42   (b) 30   (c) $\frac{1}{3}$

3. The people in group B generally eat more fruit and vegetables.

4. The eighteen year olds generally earn more money.

*Page 24*   **HWK 4M**

1. (a) £27·50   (b) UQ = £30, LQ = £20   (c) interquartile range = £10
2. (a) A : 80 people, B : 60 people   (b) A : 1·825 m, B : 1·7 m
   (c) A : UQ = 1·9 m, LQ = 1·75 m and B : UQ = 1·725 m, LQ = 1·65 m
   (d) interquartile ranges: A = 0·15 m and B = 0·075 m
   (e) the people in group A are generally taller (larger median) but the heights are more spread out (larger interquartile range).

## 1.6 Multiplying brackets

*Page 25*   **HWK 1M**

1. $x^2 + 6x + 8$   2. $x^2 + 12x + 27$   3. $x^2 + 2x - 24$   4. $x^2 + 2x - 35$   5. $x^2 + 10x + 16$
6. $x^2 - 8x + 15$   7. $x^2 + 8x + 16$   8. $x^2 + 8x + 16$   9. $x^2 + 14x + 49$   10. $x^2 - 4x - 45$
11. $x^2 - 14x + 48$   12. $x^2 + 16x + 64$   13. $x^2 - 4x + 3$   14. $x^2 + x - 20$   15. $x^2 + 4x - 21$
16. $x^2 - 8x - 9$   17. $x^2 - 6x + 9$   18. $x^2 - 12x + 36$

*Page 25*   **HWK 1E**

1. $2x^2 + 16x + 28$   2. $2x^2 - 3x + 19$   3. $5x^2 + 9x + 17$   4. $3x^2 + 25x + 24$
5. $8x^2 + 25x - 4$   6. $9x + 49$   7. $13x^2 + 37x + 16$   8. $8x^2 + 15x - 12$
9. $4x + 18$   10. (a) $4x + 16$   (b) $4x + 18$
11. (a) $(x + 7)(x + 3)$   (b) $(x - 6)(x + 4)$   (c) $(x + 9)(x + 1)$   (d) $(x - 7)(x + 4)$

*Page 26*   **HWK 2M/2E**

1. $-6$   2. $\frac{12}{17}$   3. $-\frac{1}{42}$   4. $-\frac{25}{12}$   5. $-\frac{2}{17}$   6. $\frac{25}{6}$
7. (a) 6   (b) 16   8. 3   9. 5   10. $T = 5$

# UNIT 2

## 2.1 Using fractions

*Page 27*  **HWK 1M/1E**

1. $\frac{7}{18}$
2. $\frac{1}{40}$
3. $\frac{37}{55}$
4. $\frac{127}{180}$
5. $\frac{3}{14}$
6. $\frac{3}{8}$
7. $\frac{7}{8}$
8. $\frac{9}{11}$
9. $1\frac{31}{36}$
10. $3\frac{5}{12}$
11. $2\frac{1}{12}$
12. $2\frac{1}{24}$
13. $5\frac{1}{5}$
14. $8\frac{4}{5}$
15. $1\frac{1}{6}$
16. $1\frac{3}{11}$

17.

| × | $2\frac{2}{3}$ | $\frac{1}{6}$ | $\frac{3}{5}$ | $\frac{8}{9}$ |
|---|---|---|---|---|
| $1\frac{1}{2}$ | 4 | $\frac{1}{4}$ | $\frac{9}{10}$ | $1\frac{1}{3}$ |
| $2\frac{1}{4}$ | 6 | $\frac{3}{8}$ | $1\frac{7}{20}$ | 2 |
| $3\frac{2}{5}$ | $9\frac{1}{15}$ | $\frac{17}{30}$ | $2\frac{1}{25}$ | $3\frac{1}{45}$ |
| $\frac{3}{4}$ | 2 | $\frac{1}{8}$ | $\frac{9}{20}$ | $\frac{2}{3}$ |

*Page 27*  **HWK 2M/2E**

1. 1056
2. Sinan
3. 45
4. $\frac{4}{15}$
5. $\frac{3}{8} \times \left(\frac{3}{5} + \frac{1}{4}\right) - \frac{1}{4} = \frac{11}{160}$
6. (a) $\frac{5}{7}$  (b) $\frac{30}{11}$
7. 468 litres
8. (a) $\frac{1}{154}$  (b) $\frac{3}{4}$
9. 960

*Page 28*  **HWK 3E**

1. $r = \frac{17}{99}$
2. $\frac{8}{9}$
3. $\frac{23}{99}$
4. $\frac{62}{99}$
5. $\frac{304}{999}$
6. $\frac{112}{333}$
7. $\frac{18}{33}$
8. (a) $0.\dot{8}\dot{3}$ (b) $0.\dot{4}2857\dot{1}$ (c) $0.\dot{5}3846\dot{1}$

*Page 28*  **HWK 4M/4E**

1. $\frac{5}{6}m$
2. $\frac{1}{2}x$
3. $\frac{11x}{30}$
4. $\frac{n^2}{20}$
5. $\frac{n}{10}$
6. $\frac{m^2}{25}$
7. $\frac{10n}{3}$
8. $\frac{1}{15}n^2$
9. $\frac{19x}{21}$
10. $\frac{20}{x^2}$
11. $\frac{3m}{5}$
12. $\frac{12}{x}$
13. $\frac{5}{2}$
14. $\frac{5}{n}$
15. $\frac{3x^2}{5}$
16. A–R, B–P, C–S
17. $\frac{11}{2x}$
18. $15n^2$
19. $\frac{rh^2}{6}$
20. $\frac{3mn}{16}$
21. $\frac{r^3}{6n^2}$
22. $\frac{m^2 + n^2}{mn}$

*Page 29*  **HWK 5M/5E**

1. $-18$
2. 35
3. $\frac{5}{8}$
4. 10
5. $\frac{36}{5}$
6. $\frac{1}{4}$
7. $\frac{21}{2}$
8. $-20$
9. 6
10. 40
11. 35
12. 42
13. 35
14. $\frac{35}{3}$
15. $\frac{66}{5}$
16. $\frac{35}{3}$
17. $-\frac{5}{2}$
18. 2
19. $\frac{16}{7}$
20. $\frac{1}{2}$
21. $-1$
22. $-46$

## 2.2 Working with indices

*Page 29*   **HWK 1M**

1. $5^3 \times 4^4$
2. $a^4$
3. $4^8$
4. $7^{16}$
5. $10^{11}$
6. $n^8$
7. $x^4$
8. $a^5$
9. $6^8$
10. $n^7$
11. $x^9$
12. $m^7$
13. (a) false   (b) true   (c) false   (d) true   (e) true   (f) true
14. (a) $6^2$   (b) $5^7$   (c) $2^2$   (d) $m^5$   (e) $n^5$   (f) $m^6$
15. P larger by 4
16. $3^4$ (or 81)
17. $7^6$

*Page 30*   **HWK 1E**

1. $\frac{1}{25}$
2. $\frac{1}{100}$
3. $\frac{1}{3}$
4. $\frac{1}{16}$
5. $\frac{1}{64}$
6. $\frac{1}{49}$
7. $\frac{1}{8}$
8. $\frac{1}{27}$
9. false
10. true
11. true
12. true
13. true
14. true
15. false
16. true
17. false
18. $3^{-3}$
19. $5^{-6}$
20. $2^5$
21. $7^{-3}$
22. $3^2$
23. $6^{-2}$

*Page 31*   **HWK 2M**

1. (a) $m^{12}$   (b) $y^{10}$   (c) $n^{24}$
2. (a) false   (b) true   (c) true   (d) false   (e) true   (f) false
3. (a) $7^4$   (b) $3^5$   (c) $2^{21}$   (d) $9^6$   (e) $4^{29}$   (f) $m^2$
   (g) $n^{11}$   (h) $m^3$   (i) $n^3$
4. (a) 243   (b) 5   (c) 49   (d) 36   (e) 8   (f) 16
5. $3^8$
6. $3^0 = 7^0 = 1$
7. $2^9 = 512$

*Page 31*   **HWK 2E**

1. $n = 4$
2. $n = 4$
3. $n = 3$
4. $n = -2$
5. $n = 0$
6. $n = -1$
7. $n = 1$
8. $n = 3$
9. $n = 7$
10. $n = -3$
11. $n = -2$
12. $n = 3$
13. 729
14. 6
15. 1
16. 25
17. 1024
18. 4
19. 10
20. 14
21. $x^{\frac{1}{2}} = \sqrt{x}$
22. $x^{\frac{1}{3}} = \sqrt[3]{x}$

*Page 32*   **HWK 3M/3E**

1. £$10^5$
2. $10^{27}$ cm$^3$
3. $10^{21}$ km
4. $10^{16}$ cm$^3$
5. $2^{13}$
6. $3^8$ cm
7. (b) $x = 2.8$
8. (a) $x = 4$   (b) $x = 3$   (c) $x = 2.5$

## 2.3 Standard form

*Page 33*  **HWK 1M**

1. $8 \times 10^4$
2. $6.5 \times 10^2$
3. $3.4 \times 10^3$
4. $4.8 \times 10^{-2}$
5. $7.34 \times 10^6$
6. $7 \times 10^6$
7. $2.6 \times 10^1$
8. $3.14 \times 10^{-4}$
9. $2.38 \times 10^8$
10. $5.3 \times 10^{-5}$
11. $7 \times 10^{-1}$
12. $4.183 \times 10^3$
13. $1.9 \times 10^{-2}$
14. $3.6 \times 10^7$
15. $9 \times 10^{-3}$
16. $3.8245 \times 10^6$
17. $0.003$
18. $700$
19. $0.39$
20. $5360000$
21. $174000$
22. $0.00024$
23. $0.0000186$
24. $48160$
25. $78000$
26. £$7000000$
27. $300000000$ m/s
28. $1.9 \times 10^{-22}$
29. $6 \times 10^9$
30. $4.7384 \times 10^4$

*Page 33*  **HWK 1E**

1. $7$
2. $3.55 \times 10^5$ cm$^2$
3. $5 \times 10^{-3}$ cm/s
4. B, D, C, A, E
5. $1.513728 \times 10^7$
6. $2.4 \times 10^8$ grams
7. (a) $6 \times 10^9$  (b) $2 \times 10^6$  (c) $3 \times 10^2$  (d) $2.3 \times 10^5$
8. $2 \times 10^3$
9. $8 \times 10^{16}$ m$^3$
10. $1.28 \times 10^7$, $5.12 \times 10^8$

*Page 34*  **HWK 2M/2E**

1. $1.8 \times 10^7$
2. $4.98 \times 10^{10}$
3. $8.1 \times 10^{11}$
4. $2.5 \times 10^4$
5. $1.5 \times 10^{11}$
6. $2.8 \times 10^{-14}$
7. $2.5 \times 10^{14}$
8. $7.5 \times 10^7$
9. $3.6 \times 10^{17}$
10. $1.26 \times 10^{22}$
11. $1.96 \times 10^{16}$
12. $8.5 \times 10^{26}$
13. £$(9.22 \times 10^6)$
14. $1.61 \times 10^{15}$ cm$^2$
15. $4.99 \times 10^2$ seconds
16. $3.92 \times 10^8$
17. $4.29 \times 10^{301}$
18. $1.23 \times 10^7$ cm
19. $1.36 \times 10^4$
20. $3.50 \times 10^{19}$ km

## 2.4 Applying mathematics in a range of contexts 1

*Page 35*  **HWK 1/2/3/4/5**

1. 17, 18, 19
2. 1536 g
3. $\frac{1}{5}$
4. Terry (Junior chef), Simon (Waiter 2), Buffy (Main waiter), Maggie (Waiter 1), Laura (Washer), Darryl (Main chef)
   Petra pays £371·60 for the 8 hours
5. 5·9 mm (2 s.f)

## 2.5 Scatter graphs

*Page 36*  **HWK 1M/1E**

1. A–2, B–4, C–1, D–5
2. (a) strong positive correlation  (b) 1·54 m  (c) 22 cm
3. (c), (d) depends on line of best fit
4. (b) depends on line of best fit

## 2.6 Trial and improvement

*Page 38* **HWK 1M/2E**

1. $1.8 \text{ cm} \times 7.2 \text{ cm}$
2. $9 \text{ cm} \times 11 \text{ cm} \times 13 \text{ cm}$
3. (a) $4.3 \text{ cm}$ and $4.4 \text{ cm}$  (b) $8.6 \text{ cm}$ and $8.7 \text{ cm}$
4. (a) $9.2$ and $9.3$  (b) $5.8$ and $5.9$

*Page 39* **HWK 3M**

1. (a) $4.8 \text{ cm}$  (b) $3.3 \text{ cm}$
2. $5.7 \text{ m}$
3. (a) $8.8$  (b) $5.2$  (c) $7.6$
4. $4.3 \text{ cm}$
5. $5.3 \text{ cm}$

*Page 39* **HWK 3E**

1. $3.4 \text{ cm}$
2. $6.1 \text{ cm}$
3. $2.89$
4. (a) $2.6$  (b) $0.4$  (c) $3.2$
5. $8.3$
6. $9.2$
7. $1.83$
8. $4.16$

# UNIT 3

## 3.1 Shape and space, mixed problems

*Page 41* **HWK 1M**

1. $a = 106°$
2. $b = 20°, 4b = 80°$
3. $c = 94°$
4. $d = 70°$
5. $e = 26°, e + 30° = 56°, 3e + 20° = 98°$
6. $f = 224°$
7. $g = 49°, g + 44° = 93°$
8. $3h = 120°, h + 96° = 136°$
9. $a + 20° = 56°, 2a + 10° = 82°, 2a + 15° = 87°, 3a + 27° = 135°$
10. $A\hat{D}M = 26°$

*Page 42* **HWK 1E**

1. $a = 90°, b = 55°$
2. $c = 28°$
3. $d = 40°$
4. $e = 62°, f = 47°$
5. $g = 36°$
6. $h = 51°$
7. $180° - 2x$
8. $135° - x$
9. $180° - x$

*Page 43* **HWK 2M**

1. (a) $180°$  (b) $045°$  (c) $135°$  (d) $270°$  (e) $225°$
4. (a) $(7, 1)$  (b) $(3, 3)$  (c) $(5, 7)$  (d) $(8, 5)$  (e) $(11, 3)$
5. $50.8 \text{ km}$
6. S is $18 \text{ km}$ from P on a bearing $171°$

*Page 44* **HWK 3M**

1. $5.8 \text{ cm}$
2. $9.2 \text{ cm}$
3. $5.7 \text{ cm}$
4. $10.8 \text{ cm}$
5. $9.8 \text{ cm}$
6. $13.2 \text{ cm}$
7. $8.1 \text{ cm}$
8. $19.0 \text{ cm}$
9. $9.8 \text{ cm}$
10. $8.9 \text{ cm}$
11. $8.08 \text{ cm}$
12. $9.60 \text{ cm}$

*Page 45* **HWK 3E**

1. (a) $30.5 \text{ cm}^2$  (b) $28.0 \text{ cm}^2$  (c) $60.8 \text{ cm}^2$
2. $101 \text{ cm}^2$
3. $69.1 \text{ cm}^2$

*Page 45*  **HWK 4M**

**1.** (a) $y$-axis ($x = 0$)  (b) $y = 3$  (c) $x = 3$  (d) $y = -x$  (e) $x = -1.5$

**3.** (a) rotation 180° about (3, 1)  (b) reflection in $y = -x$  (c) reflection in $y = 1$

**6.** (a) enlargement scale factor $\frac{1}{3}$ about $(-1, -3)$  (b) enlargement scale factor 2 about (3, 3)

(c) enlargement scale factor 3 about $(-1, -3)$

*Page 47*  **HWK 4E**

**1.** 292°  **4.** 6·8 km

**5.** (a) 35 miles  (b) 5 gallons  (c) 150 mm  (d) 3·3 pounds  (e) 20 kg  (f) $\frac{5}{16}$ mile

**6.** Darryl is heavier by 0·3 pounds (0·14 kg)  **7.** 16·4 cm  **8.** $x = 5.77$ cm

## 3.2 Sequences – finding a rule

*Page 48*  **HWK 1M/1E**

**1.** (a) $2n + 5$  (b) $6n - 1$  (c) $5n + 3$  (d) $9n - 6$  (e) $8n + 1$

**2.** (a) $10n - 7$  (b) $4n + 5$  (c) $8n - 3$  **3.** (a) $6n + 5$  (b) $5n - 4$  (c) $20 - 3n$

**4.** $5n + 1$  **5.** $7n + 2$  **6.** (a) 4, 7, 10, 13  (b) $3n + 1$  (c) 73

**7.** (a) $3n + 4$  (b) 17th shape

*Page 50*  **HWK 1M**

**1.** (a) $3n + 1$  (b) $7n - 5$  (c) $6n - 1$  (d) $19 - 2n$

**2.** (b) & (c) are AP's  **3.** (a) 14  (b) 18  (c) $4n + 6$

(d) 78  **4.** (a) $6n - 2$, 142  (b) $81 - 8n$, $-111$

**5.** $1.2n + 1.8$, $19.8$ cm²  **6.** (a) $5n - 3$  (b) 8th term  (c) 156

**7.** (a) 22  (b) 230  **8.** $4n + 10$

**9.** (a) £450  (b) £500  (c) £$(50n + 350)$

(d) £1100  (e) 11th year  (f) £5400

*Page 51*  **HWK 2M**

**1.** (b), (c) & (d) are GP's  **2.** (a) 75  (b) 1875

**3.** 6  **4.** ratio = 5, first term = 2

**5.** (a) 6561  (b) 2457·6  **6.** (a) 1·25 cm²  (b) 0·01953125 cm² $\left(\frac{5}{256} \text{cm}^2\right)$

**7.** (a) 7  (b) 7  **8.** (a) 48  (b) 192

**9.** (a) 1·05  (b) £25525·63

*Page 52*  **HWK 2M**

1. 9, 19, 31, 45, 61
2. (a) 4, 13, 24, 37, 52, 69   (b) 9, 11, 13, 15, 17, increases by 2 each time
3. $2n^2 + 3$
4. $3n^2 - 1$
5. $n^2 + 7$
6. $2n^2 - 3$
7. $4n^2 - 2$
8. $5n^2 + 1$
9. $6n^2$
10. $4n^2 + 5$

*Page 52*  **HWK 2E**

1. $n^2 + n$
2. $n^2 + n - 1$
3. $n^2 + 4n + 1$
4. $n^2 + 5n - 3$
5. $2n^2 - n$
6. $3n^2 + 2n$
7. $2n^2 + 4n + 3$
8. $5n^2 - 3n + 1$
9. (a) sum = 100   (b) 3025

## 3.3 Rounding, estimating, errors and bounds

*Page 53*  **HWK 1M**

1. (a) 16   (b) 0·693   (c) 5300   (d) 39500   (e) 5600   (f) 0·09
   (g) 0·959   (h) 100   (i) 517000   (j) 520   (k) 0·087   (l) 3260
2. (a) 2·59 cm²   (b) 7·85 cm²   (c) 77·9 m²   3. (a) 8·8   (b) 32·61   (c) 0·30
   (d) 16·1   (e) 7·614   (f) 42·5   4. (a) 185·59   (b) 1·85   (c) 23·86
   (d) 7·74   (e) 1·32   (f) 184·22   5. £48400000

*Page 54*  **HWK 2M**

1. A   2. C   3. B   4. C   5. A   6. C   7. B   8. A   9. C   10. B
11. C   12. C   13. A   14. B   15. B   16. B   17. B   18. B   19. C   20. B

*Page 55*  **HWK 2E**

1. ≈£10000   2. ≈1260   3. ≈12 m   4. ≈280 miles
5. (a) 41·58   (b) 320·19   (c) 11·845   (d) 23·52   (e) 6·216   (f) 9·95
   (g) 34·46   (h) 61·6   (i) 51·058   6. ≈100 kg
7. (a) true   (b) false   (c) true   (d) false   (e) true   (f) true
   (g) false   (h) true   (i) true   (j) true   (k) true   (l) false
8. (a) ≈900   (b) ≈0·75   (c) ≈18   (d) ≈40   (e) ≈80   (f) ≈120

*Page 56*  **HWK 3M**

1. 21·5 cm   2. 68·5 kg   3. 7·25 cm
4. $3.55 \leq w < 3.65$,   $8.85 \leq T < 8.95$,   $23.5 \leq h < 24.5$,   $5.25 \leq r < 5.35$
5. lower bound = 4·65 kg, upper bound = 4·75 kg   6. (a) 9·35 cm   (b) 6·25 cm
7. 21·815°C   8. (a) 57500000   (b) 58500000

*Page 56*   **HWK 3E**

1. (a) 13·5 cm × 5·5 cm    (b) 74·25 cm²    **2.** 2175 g    **3.** B
4. 4·155 ≤ w < 4·165    81·45 ≤ d < 81·55, 55 ≤ m < 65, 7·355 ≤ h < 7·365, 105 ≤ t < 115
5. 3142·5 g    **6.** 25·55 cm    **7.** (a) 154·3975    (b) 157·2075
8. (a) 13    (b) 5·6    (c) 8
9. (a) 51·499375    (b) 8·5    (c) 14·75    (d) 0·3125    **10.** 1·4

## 3.4 Drawing and visualizing 3D shapes

*Page 58*   **HWK 1M/1E/2M**

2. 1    **4.** 2    **5.** eg. a cuboid    **6.**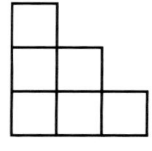

side-view A      side-view B

7.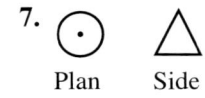

Plan view    Side view

8.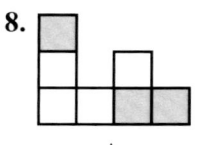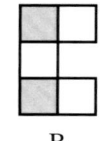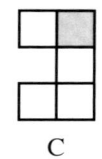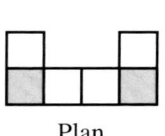

A       B       C       Plan

## 3.5 Percentage change

*Page 60*   **HWK 1M/1E**

1. 41·7%    **2.** 16·7%    **3.** Shania larger by 2·7%
4. camera 35% profit, shirt 21·9% loss, computer 44·7% profit
5. 53·75%    **6.** 50·5% profit
7. (a) 7600 cm²    (b) 9196 cm²    (c) 21% increase
8. (a) 43·0%    (b) 19·0%    (c) 56·1%    **9.** 21·9% increase


*Page 61*   **HWK 2M/2E**

1. £32500    **2.** £320000
3. (a) £28    (b) £55    (c) £160    (d) £325    (e) £42    (f) £51
4. 160000    **5.** £640    **6.** £206    **7.** £35400    **8.** 564


*Page 62*   **HWK 3M/3E**

1. 260 pages    **2.** 680    **3.** 270 g    **4.** 420 units    **5.** 52·1%
6. C(16·63%), B(17·7%), C(17·72%), D(18·16%)
7. (a) 8560    (b) 9159    (c) 11220    (d) 30957
8. (a) £8821·89    (b) £2199·17    **9.** after 39 years

# UNIT 4

## 4.1 Transformations

*Page 64* **HWK 1M**

1. (d) (i) $\begin{pmatrix} 7 \\ -1 \end{pmatrix}$ (ii) $\begin{pmatrix} -6 \\ -5 \end{pmatrix}$ (iii) $\begin{pmatrix} -1 \\ 6 \end{pmatrix}$

2. (a) $\begin{pmatrix} 5 \\ -5 \end{pmatrix}$ (b) $\begin{pmatrix} -4 \\ -7 \end{pmatrix}$ (c) $\begin{pmatrix} 6 \\ 2 \end{pmatrix}$ (d) $\begin{pmatrix} -1 \\ 7 \end{pmatrix}$

   (e) $\begin{pmatrix} -1 \\ -9 \end{pmatrix}$ (f) $\begin{pmatrix} -8 \\ 0 \end{pmatrix}$ (g) $\begin{pmatrix} 4 \\ -7 \end{pmatrix}$ (h) $\begin{pmatrix} -6 \\ 2 \end{pmatrix}$

3. $\begin{pmatrix} 6 \\ -18 \end{pmatrix}$   4. $(-8, 5)$   5. $\begin{pmatrix} 12 \\ -16 \end{pmatrix}$   6. $(-4, 4)$

*Page 65* **HWK 2M**

1. (a) rotation 90° clockwise about (0, 0)  (b) translation with $\begin{pmatrix} -4 \\ 0 \end{pmatrix}$
   (c) reflection in $x = 4$  (d) enlargement scale factor 2 about (0, 1)
   (e) rotation 90° anticlockwise about $(6, -1)$

2. $(2, -4)$   3. $(n, m)$   4. (h) translation with $\begin{pmatrix} -7 \\ 6 \end{pmatrix}$

*Page 66* **HWK 2E**

1. (a) reflection in the $y$-axis followed by a 90° anticlockwise rotation about (0, 0)
   (b) reflection in $y = -x$

2. (a) translation with $\begin{pmatrix} 6 \\ -1 \end{pmatrix}$ followed by a 180° rotation about (0, 0)   (b) No

3. $y = x$ and $n = 6$

4. enlargement scale factor 2 about (0, 4) then a 180° rotation about (0, 0) followed by a translation with $\begin{pmatrix} -3 \\ -4 \end{pmatrix}$

5. enlargement scale factor $\frac{1}{3}$ about (2, 5) then a 90° anticlockwise rotation about (0, 0)

## 4.2 Reading and interpreting charts and graphs

*Page 67* **HWK 1M/1E**

1. (a) 48   (b) 72   (c) 96 more people

2. cannot tell from the chart

3. office 56°, workshop 144°, transport 96°, sales 64°

4. negative correlation, ie. the younger the person, the more daily texts the person sends

5. (a) false, 48 in Hexford but 70 in Atherton   (b) false, 30 in Hexford but 50 in Atherton

*Page 69*  **HWK 2M/2E**

**1.** 5         **2.** C         **4.** Q         **5.**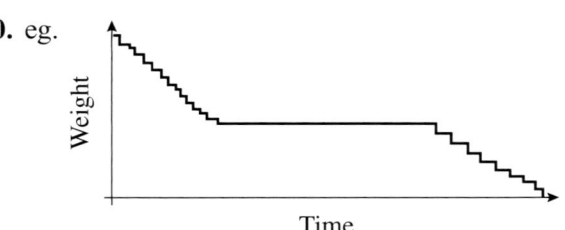

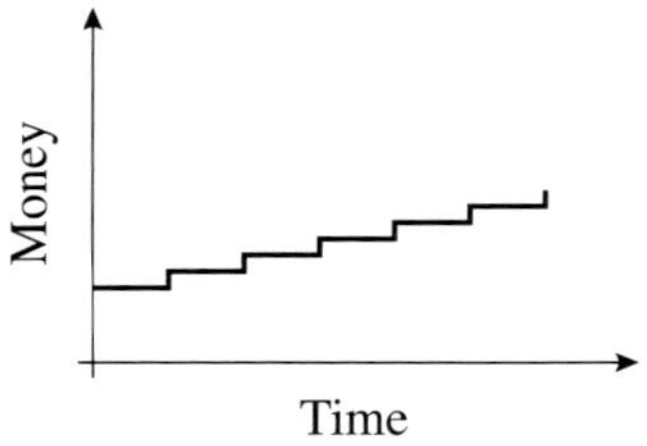

**6.** eg. taking exercise     **7.**     **8.**

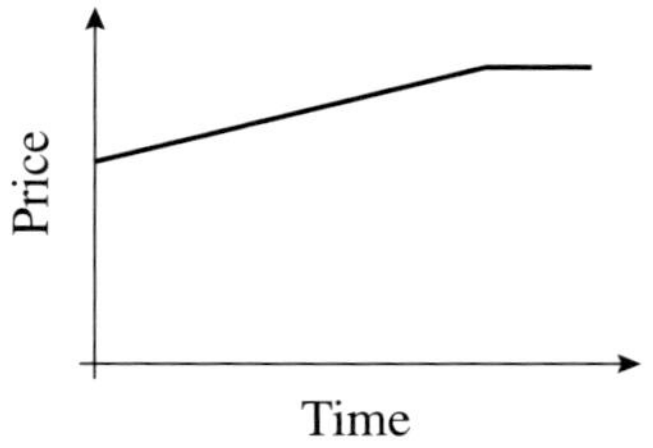

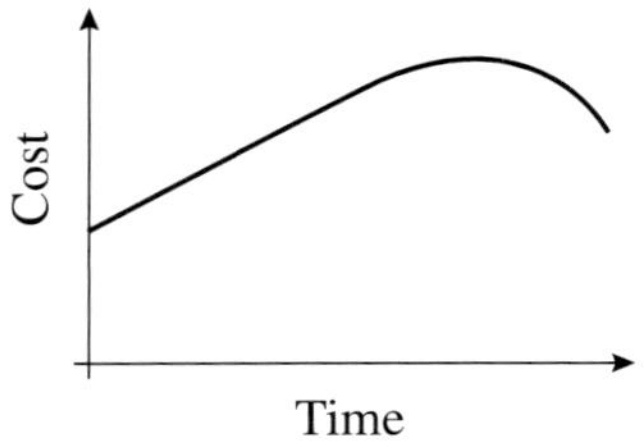

**9.** eg. going round a corner    **10.** eg.

*Page 71*  **HWK 3M**

**1.** (a) 220 km    (b) 1645    (c) 45 minutes    (d) (i) 80 km/h    (ii) 55 km/h

**2.** (a) Adam    (b) 22·5 secs    (c) roughly 35 m    (d) Daley

**3.** (a) 1130    (b) $1\frac{1}{2}$ hours    (c) 5 km    (d) 5 km/h

**4.** (b) Between 1130 and 1145    (c) 1315    (d) 17 km

**5.** (b) 1445    (c) 120 km    (d) 1715

*Page 73*  **HWK 4M**

**1.** (b) (0, 0)    (c) $y = -1$    **2.** (c) once    (d) 1

**3.** (a) 

| $t$ | 0 | 1 | 2 | 3 | 4 |
|---|---|---|---|---|---|
| $N$ | 10 | 30 | 90 | 270 | 810 |

(c) between 150 and 160    (d) around $3\frac{1}{2}$ years

*Page 74*  **HWK 4E**

**2.** (b) $x = 2$    (c) $x \approx 5\cdot2$ and $x \approx 0\cdot8$

**3.** (a) $n = 5$    (b) $n = 4$    (c) $n = 0\cdot5$

**4.** (a) 

| $t$ | 0 | 1 | 2 | 3 | 4 | 5 |
|---|---|---|---|---|---|---|
| $A$ | 400 | 420 | 441 | 463 | 486 | 511 |

(b) 3·3 years    **5.** 1290

*Page 75*  **HWK 5E**

**1.** (a) 18  (b) 540  **2.** (a) 14  (b) 588

**3.** HCF = 25, LCM = 350

**4.** (a) HCF = 70, LCM = 1050  (b) HCF = 65, LCM = 1300  (c) HCF = 33, LCM = 6930

**5.** 20020  **6.** (i) $a^3b^2ce$  (ii) $abc^2d$  (iii) $abc$  (iv) $a^3b^2c^2de$

*Page 76*  **HWK 1M**

**1.** (a) $\frac{6}{31}$  (b) $\frac{24}{31}$  (c) $\frac{21}{31}$

**2.** (a) $\frac{196}{258} = \frac{98}{129}$  (b) $\frac{125}{258}$  (c) $\frac{62}{258} = \frac{31}{129}$  (d) $\frac{46}{258} = \frac{23}{129}$

**3.** (a) $\frac{95}{150} = \frac{19}{30}$  (b) $\frac{34}{150} = \frac{17}{75}$  (c) $\frac{98}{150} = \frac{49}{75}$  (d) $\frac{41}{150}$

  (e) $\frac{17}{150}$  (f) $\frac{28}{150} = \frac{14}{75}$

**4.** (a) $\frac{171}{235}$  (b) $\frac{96}{235}$  (c) $\frac{100}{235} = \frac{20}{47}$  (d) $\frac{58}{235}$

**5.** $\frac{15}{126} = \frac{5}{42}$  **6.** $\frac{35}{168} = \frac{5}{24}$  **7.** $\frac{19}{54}$

## 4.3 Area and volume

*Page 77*  **HWK 1M**

**1.** 226 cm²  **2.** 201 cm²  **3.** 87·5 cm²  **4.** 244 cm²  **5.** 72 cm²  **6.** 8 cm

**7.** (a) 254 cm³  (b) 603 cm³  **8.** 26·0 cm  **9.** 5 hours 2·5 minutes  **10.** 931 litres

*Page 79*  **HWK 1E**

**1.** 103 m²  **2.** (a) 48·3 cm²  (b) 63·6 cm²  (c) 3·86 cm²  **3.** 3 cm

**4.** 124·5 m²  **5.** 5 times  **6.** 1910 cm³  **7.** 275 cm³  **8.** 85 minutes  **9.** 28·1 cm³

*Page 80*  **HWK 2M**

**1.** (a) 12·7 cm  (b) 17·8 cm  **2.** (a) 4·30 cm  (b) 1·52 cm

**3.** Q larger by 4·35 cm  **4.** 3·69 cm  **5.** 13·3 cm  **6.** 68·1 cm  **7.** 9·50 cm

*Page 81*  **HWK 2E**

**1.** 7·42 m  **2.** 7 cm  **3.** 230 m  **4.** 14·1 cm  **5.** 7·96 cm  **6.** 7·82 cm

*Page 82*  **HWK 3M**

**1.** 100·5 cm³  **2.** 324 cm³  **3.** Yes. 667·1 cm³ lost  **4.** 288π cm³  **5.** 100π cm³

**6.** (a) 1 min 52 secs  (b) 1·12 litres  **7.** 15·2 cm  **8.** 3357

*Page 83*  **HWK 3E**

1. 263·9 ml  2. 9·4 cm  3. 40 cm  4. $49\pi \text{ cm}^2$  5. 1876·6 g  7. 4 cm  8. 424·1 cm²

*Page 85*  **HWK 4M**

1. 18·0 cm  2. (a) 5 cm  (b) 13 cm  3. 81·5 cm
4. Yes (cylinder diameter = 5·8 cm)  5. 2·5 m
6. 7·43 cm, 6·07 cm, 8·31 cm  7. 797 cm²

*Page 86*  **HWK 4E**

1. 0·123 m³  2. 15·0 cm  3. 12·2 cm  4. 7·38 cm
5. $ab + ac + bc + c\sqrt{(a^2 + b^2)}$  6. 79·0 cm  7. 3·42 cm

### 4.5 Applying mathematics in a range of contexts 2

*Page 88*  **HWK 1/2/3/4/5**

1. 1023 and 1048575  2. 3·2 mm
3. (a) Week 1 profit = £34·90 + £8 p&p
   Week 2 profit = £151·73 + £26 p&p
   Week 3 profit = £214·71 + £37·20 p&p
   Week 4 profit = £269·10 + £48 p&p
   Add: Total = £789·64 less £301 costs = £488·64
   so £122·16 profit per week, ie. less than £140 target
   (b) Any answer with sensible reasons but increase in weekly sales suggests the possibility of success.
4. $n = 1$  5. $1·08 \times 10^9$ km/h

### 4.6 Simultaneous equations

*Page 90*  **HWK 1M**

1. (a) $x = 2, y = 2$  (b) $x = 1, y = 3$  (c) $x = 3, y = 5$
2. (a) $x = 2, y = -4$  (b) $x = 2, y = 3$  (c) $x = 6, y = -3$
   (d) $x = 3, y = 0$  (e) $x = -2, y = -5$

*Page 91*  **HWK 1E**

1. $x = 2, y = 3$  2. $x = 4, y = 1$  3. $x = 3, y = 2$  4. $x = 4, y = -3$
5. $5x + 2y = 2$ and $5x + 2y = 16$ do not meet

*Page 91*  **HWK 2M/2E**

1. $x = 3, y = 1$  2. $x = 2, y = 4$  3. $x = 6, y = 2$  4. $x = 5, y = 3$
5. $x = 3, y = 3$  6. $x = 2, y = -1$  7. $x = -2, y = 5$  8. $x = -5, y = 3$
9. $x = -4, y = -2$  10. $x = 4, y = -3$  11. $x = 3, y = \frac{1}{2}$  12. $x = -3, y = -4$

*Page 91*  **HWK 3M/3E**

1. $x = 3, y = 4$
2. $x = 7, y = 1$
3. $x = 5, y = 6$
4. $x = 2, y = 5$
5. $x = 3, y = 2$
6. $x = 1, y = 4$
7. $x = 8, y = 2$
8. $x = -3, y = 4$
9. $x = -6, y = -2$
10. $x = 6, y = -3$
11. $x = -1, y = -3$
12. $x = -5, y = 4$
13. $x = \frac{1}{3}, y = -1$
14. $x = \frac{1}{4}, y = -\frac{1}{2}$
15. $x = -2\frac{1}{2}, y = 4$

*Page 92*  **HWK 4M**

1. 7, 5
2. 19, 12
3. 21, 8
4. 8, 7
5. 6 folders, 13 pens
6. 130°, 99°, 66°, 65°
7. $x = 16, y = 22, z = 19$

*Page 93*  **HWK 4E**

1. 14 football teams, 9 rugby teams
2. 64 detective books, 39 science fiction books
3. $m = 6, c = -10$
4. 24 machinists, 13 packers
5. $x = 63°, y = 54°$
6. $a = 5, k = 3$
7. 202
8. $x = 2, y = 3, z = 6$
9. $a = 5, b = 3, c = -2$

*Page 94*  **HWK 2E**

1. $P = kQ$
2. (a) $v = 2t^3$   (b) 54
3. £207
4. £1·36
5. (a) $H = 4m^2$   (b) 196
6. (a) $A = \frac{1}{3}B$   (b) 8   (c) 6
7. 67·5 mins
8. 630 ml
9. $n = 9$

*Page 94*  **HWK 3M**

1. 5 hours
2. 9 mins
3. 8 hours
4. 108 mins
5. 50 mins
6. $1\frac{1}{4}$ hours
7. 11 hours 12 mins

*Page 95*  **HWK 3E**

1. (a) $k = \frac{5}{2}$   (b) 30   (c) 18
2. A
3. (a) $k = 3$   (b) 30   (c) 64
4. (a) 180   (b) 9
5. $P$ is divided by 3
6. £5·85
7. 
| t | 1 | 8 | 64 | 125 |
|---|---|---|---|---|
| v | 3 | 6 | 12 | 15 |

8. 
| x | 2 | 4 | 10 | 50 |
|---|---|---|---|---|
| y | 2 | 8 | 50 | 1250 |

9. 25

*Page 96*  **HWK 4M/E**

**1.** (a) $P = \dfrac{8}{L}$  (b) 0·5   **2.** (a) $y = \dfrac{64}{x^3}$  (b) 8

**3.** 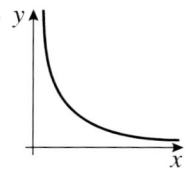   **4.** $v = 1$

**5.** (b) 5

**6.**

| $x$ | 2 | 3 | 8 | 24 |
|---|---|---|---|---|
| $y$ | 6 | 4 | 1·5 | 0·5 |

**7.** A3, B4, C1, D2   **8.** (a) 25  (b) 10


*Page 97*  **HWK 1M**

**1.** (a) False  (b) True  (c) True  (d) False  (e) False  (f) True

**2.** (a) 3  (b) $6\sqrt{3}$  (c) $2\sqrt{7}$  (d) 8  (e) 17  (f) 9

**3.** $(7\sqrt{3} + \sqrt{2})$ cm

**4.** (a) $2\sqrt{2}$  (b) $3\sqrt{3}$  (c) $5\sqrt{2}$  (d) $6\sqrt{2}$

**5.** (a) $5\sqrt{5}$  (b) 5  (c) 25  (d) $7 + 3\sqrt{7}$  (e) 784  (f) 336

**6.** (a) $2\sqrt{2}$ cm³  (b) 12 cm²

**7.** (a) true  (b) true  (d) true  (e) true  (f) true

**8.** (b), (c), (e), (f), (h) are rational

**9.** (a) $12\sqrt{3}$ cm²  (b) $(24 + 2\sqrt{3})$ cm

**10.** (a) $\sqrt{39}$  (b) 6  (c) $\dfrac{1}{3}$  (d) 10


*Page 98*  **HWK 1E**

**1.** (a) $2\sqrt{6}$  (b) $10\sqrt{7}$  (c) $4\sqrt{6}$  (d) $5\sqrt{5}$
   (e) $\sqrt{77}$  (f) $3\sqrt{5}$  (g) $3\sqrt{3}$  (h) $5\sqrt{2}$

**3.** $(9 + 9\sqrt{2})$ cm   **4.** false   **5.** $100 + 2\sqrt{5}$

**6.** (a) $2\sqrt{5}$  (b) $5\sqrt{5}$  (c) $10\sqrt{5}$  (d) $2\sqrt{5}$

**8.** $(25 + 3\sqrt{3})$ cm²   **9.** (a) $6 + 2\sqrt{5}$  (b) $16 + 8\sqrt{5}$  (c) $13 + 5\sqrt{7}$  (d) $3\sqrt{11}$

**10.** (a) 48  (b) $2\sqrt{18} = 6\sqrt{2}$  (c) $13 + 5\sqrt{7}$  (d) $3\sqrt{11}$
   (e) 440  (f) $27 - 10\sqrt{2}$

**11.** $(26 + 15\sqrt{3})$ cm³   **12.** $5\sqrt{5} - 2$

# UNIT 5

## 5.1 Trigonometry

*Page 100*  **HWK 2M**

1. $a = 3.88$ cm
2. $b = 3.67$ cm
3. $c = 4.02$ cm
4. $d = 7.22$ cm
5. $e = 30.8$ cm
6. $f = 15.6$ cm
7. $g = 1.32$ cm
8. $h = 18.9$ cm
9. $38.2$ m
10. $15.1$ km
11. $h = 5.06$ cm
12. $h = 18.4$ inches

*Page 101*  **HWK 3M**

1. $a = 7.63$ cm
2. $b = 18.5$ cm
3. $c = 3.60$ cm
4. $d = 20.7$ cm
5. $e = 12.9$ cm
6. $f = 5.24$ cm
7. $g = 14.2$ cm
8. $h = 27.1$ cm
9. PQ $= 8.03$ cm
10. AC $= 32.0$ cm
11. MN $= 24.5$ cm
12. (a) $m = 8.82$ cm, $n = 4.89$ cm  (b) $x = 21.6$ cm, $y = 18.3$ cm

*Page 102*  **HWK 3E**

1. $10.7$ m
2. $3.09$ m
3. $8.43$ m
4. $2.69$ m
5. $1.81$ km north and $6.76$ km east
6. $152$ cm$^2$
7. $9.19$ cm and $7.71$ cm

*Page 103*  **HWK 4M**

1. $a = 30.3°$
2. $b = 50.0°$
3. $c = 65.1°$
4. $d = 48.4°$
5. $e = 32.1°$
6. $f = 28.4°$
7. $g = 73.2°$
8. $h = 72.1°$
9. $P\hat{M}N = 53.7°$
10. $Y\hat{X}Z = 50.0°$
11. $A\hat{C}B = 55.9°$

*Page 104*  **HWK 4E**

1. $51.3°$
2. $66.8°$
3. $31.8°$
4. $65.4°$
5. $6.3°$
6. $14.3$ km on a bearing of $024.8°$
7. $106.6°$
8. $57.4°$
9. $66.0°$
10. $54.5°$

*Page 105*  **HWK 5M**

1. $a = 8.65$ cm
2. $b = 17.7$ cm
3. $c = 16.1$ cm
4. $d = 10.6$ cm
5. $e = 34.1$ cm
6. $f = 12.8$ cm
7. $g = 28.4$ cm
8. $h = 39.7$ cm

*Page 106*  **HWK 5E**

1. $x = 4.89$ m, $y = 3.23$ m
2. $6.63$ km
3. $x = 4.74$ cm
4. $21.6$ km
5. $4.69$ m
6. $x = 5.26$ cm

*Page 107*  **HWK 6M**

**1.** 12·9 cm  **2.** 21·3°  **3.** 51·8°  **4.** 9·90 cm  **5.** 12·0 cm  **6.** 11·9 cm

**7.** 43·7°  **8.** 22·5 cm  **9.** 15·5 cm  **10.** 68·4°  **11.** 20·3°  **12.** 7·84 cm

**13.** (a) BD = 8·92 cm  (b) CD = 11·2 cm  (c) AC = 22·8 cm


*Page 108*  **HWK 6E**

**1.** (a) 67·2°  (b) 8·86 cm  (c) 10·7 cm

**2.** 39·1 cm  **3.** 13·7 cm²  **4.** 65·0 cm²  **5.** 19·9 km  **6.** 18·5 m

## 5.2 Inequalities

*Page 109*  **HWK 1M**

**1.** (a) true  (b) true  (c) true  (d) true  (e) true  (f) true

**2.** (a) $x < 5$  (b) $x > 2$  (c) $x \geq -3$  (d) $x \leq 4$  (e) $-3 < x < 1$

(f) $0 \leq x < 7$  (g) $-6 \leq x \leq -1$  (h) $x > 5$  (i) $-8 < x \leq 3$

**3.** (a) [number line from 3, closed, right]  (b) [number line to −4, open, left]  (c) [number line from −1, closed, right]  (d) [number line −4 to 2, closed]  (e) [number line 3 to 9, open]

(f) [number line −1 open to 6 closed]  (g) [number line from 0 open, right]  (h) [number line 4 closed to 10 open]  (i) [number line −7 open to −2 closed]

**5.** yes  **6.** (a) $p \geq 45$  (b) $n \leq 31$  (c) $15 < c < 20$  (d) $h \leq 158$

**7.** [number line 2 closed to 4 open]


*Page 110*  **HWK 2M**

**1.** (a) 2, 3, 4, 5  (b) −2, −1, 0  (c) 0, 1, 2, 3, 4, 5

(d) −4, −3, −2, −1, 0, 1, 2, 3, 4  (e) 1, 2, 3  (f) −2, −1, 0

**2.** 10

**3.** (a) $x < 8$  (b) $x \geq 6$  (c) $x > 16$  (d) $x \leq 4$  (e) $x < 3$

(f) $x \geq -2$  (g) $x > 8$  (h) $y \leq \frac{1}{3}$  (i) $x < 12$

**4.** (a) $x < 5$ [line open at 5, left]  (b) $x \geq 20$ [line closed at 20, right]  (c) $x \leq 8$ [line closed at 8, left]

(d) $x \leq 4$ [line closed at 4, left]  (e) $x > -8$ [line open at −8, right]  (f) $x < -5$ [line open at −5, left]

**5.** 3, 5, 7, 9  **6.** 1, 2, 3, 4, 5  **7.** 2, 3, 5, 7, 11

**8.** 1, 2, 3  **9.** 4  **10.** 5


*Page 111*  **HWK 2E**

**1.** (a) $x \geq 9$  (b) $x > -1$  (c) $x \leq -\frac{1}{6}$  (d) $x < -\frac{18}{5}$  (e) $x \geq \frac{7}{2}$  (f) $x > -\frac{1}{8}$

**2.** (a) $-2 < x < -\frac{2}{3}$  (b) $2 < x < 9$  (c) $-2 < x < \frac{5}{4}$  (d) $\frac{3}{4} < x < \frac{7}{3}$

**3.** 7  **4.** −3, −2, −1, 0, 1, 2

**5.** (a) −8   (b) 8   (c) 63

**6.** $n = 6$   **7.** $x \geq 1{\cdot}26$

*Page 112*  **HWK 3E**

**1.** (a) $x \geq 2, y \geq 0, x + y \leq 4$   (b) $x \leq 3, y \geq 0, y \leq 2x$

(c) $x \leq 5, y \geq 3, y \leq x + 3$   (d) $y \geq 0, y \leq \frac{1}{2}x, x + y \leq 5$

(e) $x \geq 0, y \geq 0, x + y \leq 7$   (f) $y \geq 2, y \leq x + 2, x + y \leq 6$

**2.** (a) 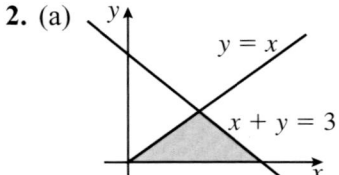  (b) 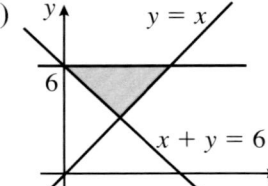  (c) 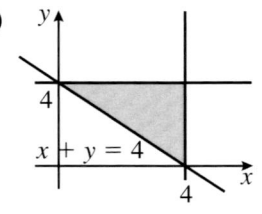  (d)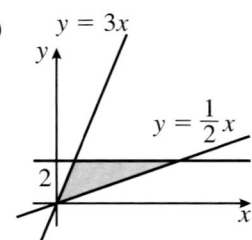

## 5.3 Probability

*Page 112*  **HWK 2M**

**1.** (a) $\frac{1}{3}$   (b) $\frac{5}{6}$   (c) $\frac{2}{3}$

**2.** 45 times   **3.** (a) $\frac{3}{7}$   (b) $\frac{4}{7}$   (c) $\frac{4}{7}$

**4.** (a) 3 more   (b) 0, 1 or 2   **5.** (a) 180   (b) 90   (c) 90

**6.** 36 times   **7.** (a) $\frac{4}{11}$   (b) $\frac{2}{17}$

*Page 114*  **HWK 2E**

**1.** (a) 37%   (b) 252 times   **2.** $\frac{35}{36}$   **3.** eg. 8, 12, 16, etc.

**4.** (a) 150 times   (b) 350 times   **5.** $\frac{100 - n}{100}$   **6.** No

**7.** $\frac{x + y}{x + y + 5}$   **8.** 15 times   **9.** $n = 4$

*Page 115*  **HWK 3M/3E**

**1.** (a) (5, 10), (5, 20), (10, 5), (10, 20), (20, 5), (20, 10)   (b) (i) $\frac{1}{3}$   (ii) $\frac{1}{3}$   (iii) $\frac{1}{3}$

**2.** (a) A1, A2, A3, A4, A5, A6, B1, B2, B3, B4, B5, B6, C1, C2, C3, C4, C5, C6   (b) $\frac{1}{6}$

**3.** (a) BBB, BBG, BGB, GBB, BGG, GBG, GGB, GGG   (b) $\frac{1}{8}$   (c) $\frac{3}{8}$

**4.** (a) BHRL, BHLR, BRHL, BRLH, BLHR, BLRH   (b) $\frac{1}{3}$   **5.** (b) $\frac{1}{4}$

**6.** $\frac{1}{216}$   **7.** (a) 6 ways   (b) 24 ways   (c) 120 ways   (d) 3628800 ways

*Page 116*   **HWK 4M/4E**

1. $\frac{1}{10}$
2. 0·4
3. (a) 0·35  (b) 0·35  (c) 0·85  (d) 6
4. (a) 0·23  (b) 0·42  (c) 0·82
5. $\frac{1}{12}$
6. 0·43
7. (a) $\frac{7}{10}$  (b) $\frac{3}{20}$  (c) 32

**5.4 Gradient of a line, $y = mx + c$**

*Page 117*   **HWK 1M**

1. (a) 2  (b) $\frac{1}{2}$  (c) 4  (d) $-1$
2. (a) 4  (b) 7  (c) 1  (d) 3  (e) $\frac{1}{2}$  (f) $-2$  (g) 1  (h) $-6$
3. true
4. (a) 2  (b) $-1$  (c) $\frac{1}{3}$

*Page 118*   **HWK 2M**

1. P: gradient $\frac{1}{2}$, y-intercept 1    Q: gradient 3, y-intercept 4    R: gradient $-\frac{3}{4}$, y-intercept 3
   S: gradient 0, y-intercept 6    T: gradient $-\frac{1}{4}$, y-intercept $-1\frac{3}{4}$

2. (a)   (b)   (c)
   (d)   (e)   (f)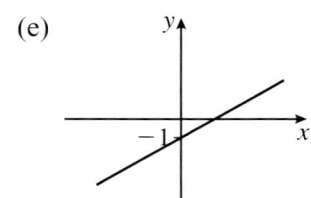


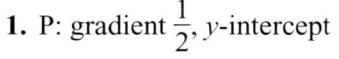 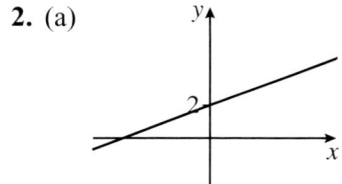 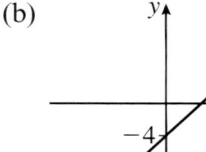 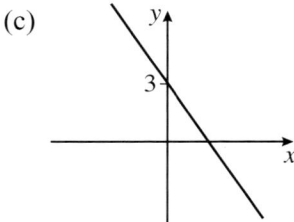 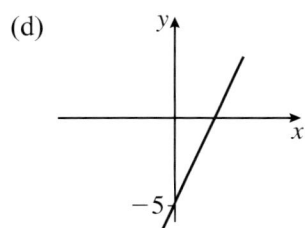 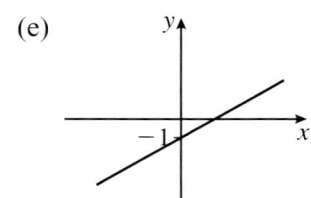 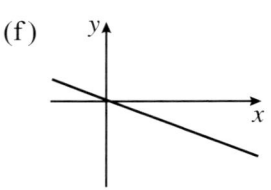

*Page 119*   **HWK 3M**

1. 4, $-1$
2. 2, 9
3. $-4$, 3
4. $\frac{1}{3}$, 6
5. $\frac{1}{4}$, $-3$
6. $-1$, $-2$
7. $-2$, 3
8. 4, 6
9. $-\frac{1}{3}$, 4
10. $-3$, 5
11. $-4$, $-3$
12. 1, $-4$
13. 5, 2
14. $-\frac{5}{7}$, $-\frac{1}{7}$
15. $\frac{3}{4}$, $\frac{1}{2}$
16. $-\frac{5}{2}$, $\frac{1}{2}$
17. $\frac{2}{3}$, $-\frac{7}{3}$
18. $-\frac{2}{9}$, $-\frac{4}{9}$

*Page 119*   **HWK 3E**

1. P: $y = 2x - 1$    Q: $y = 5 - x$    R: $y = \frac{1}{3}x + 1$
2. $y = 4x + 3$, $y = 3 - 2x$
3. b
4. f
5. e
6. c
7. a
8. d

9. (a) 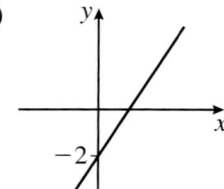 (b) 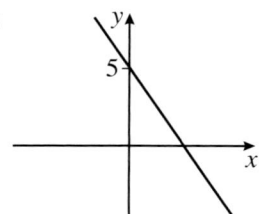 (c)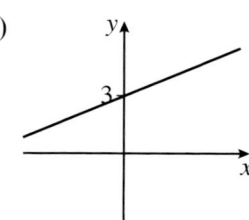

(d) 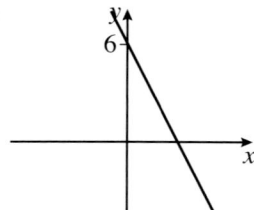 (e) 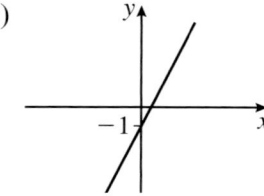 (f)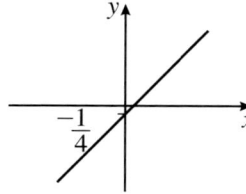

Page 120   HWK 4E

1. (a) $\frac{-1}{4}$   (b) $\frac{1}{2}$   (c) $-3$   (d) $-1$   (e) $5$

2. (a) $y = -\frac{1}{3}x + c$   (b) $y = 2x + c$   (c) $y = -4x + c$   3. $y = x + c$

4. (a) $y = 4x - 3$   (b) $y = 3x + 1$   (c) $y = -x + 3$   (d) $y = -2x + 2$

5. (a) $y = -\frac{1}{4}x - 3$   (b) $y = -\frac{1}{3}x + 1$   (c) $y = x + 3$   (d) $y = \frac{1}{2}x + 2$

6. $y = -6x + c$   7. B, D and C, G   8. $y = -5x + 7$   9. $y = 4x - 7$

10. $y = -\frac{1}{3}x - 2$

# UNIT 6

## 6.1 Drawing and using graphs

Page 124   HWK 1M

3. (c) (2, 10)   4. difference = 6

Page 124   HWK 2M

2. (c) $x = -1 \cdot 5$   3. (b) $(-2, -7)$   4. (b) $x = 3$

Page 125   HWK 2E

4. (c) $(-1, 3), (3, -1)$   5. (d) $x = 1 \cdot 2$

## 6.2 Compound measures

Page 126   HWK 1M

1. 20 s   2. 12 km/h   3. 4·8 km/h   4. 69 m   5. 190 km   6. 11 min 40 s

7. 70 mph   8. 117·5 miles   9. 43·2 km   10. Cheryl walks further by 0·16 km in one hour

*Page 126*   **HWK 1E**

1. (a) 15 minutes    (b) 60 s    (c) 34 hours    (d) 15 minutes
2. 272 m    3. 8·75 m/s    4. 48 minutes    5. 1840 km/h
6. (a) 144 cm    (b) 117 miles    (c) 216000 m    (d) 1350 m
7. 288 nautical miles    8. 1503
9. Jo wins, Jo (6 m/s) but Maurice (5·83 m/s)    10. 38·4 km    11. 19·4 km/h

*Page 127*   **HWK 2M**

1. 9 g/cm³    2. 3420 g    3. 218 cm³

4.
| 12 | 180 | 15 |
|---|---|---|
| 8 | 56 | 7 |
| 8 | 192 | 24 |
| 6 | 3 | 0·5 |
| 5·6 | 112 | 20 |

5. 11·7 g    6. iron weighs more

7. (a) 862·50 euros    (b) £60    (c) Spain is the better deal, Spain (£50) compared to London (£52)
8. (a) £35    (b) $261    (c) Marie brings more money back, Marie (£72), Cornelius (£68)

*Page 128*   **HWK 2E**

1. £54·40    2. £23    3. £40·50    4. £159 600    5. 576 g
6. £163·50    7. £4050    8. cylinder heavier by 717 g    9. £6 937 920
10. 1·84 cm    11. 22·3 g/cm³    12. 5166 g    13. £64·11

**6.3 Locus**

*Page 131*   **HWK 1M**

1. 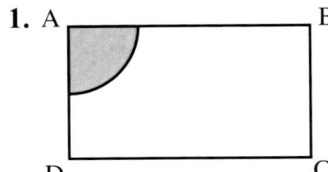    2.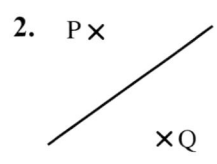

3. (a) 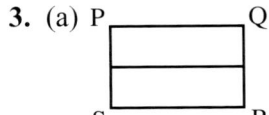    (b) 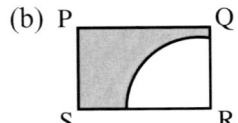    (c)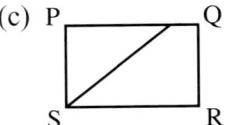

4. 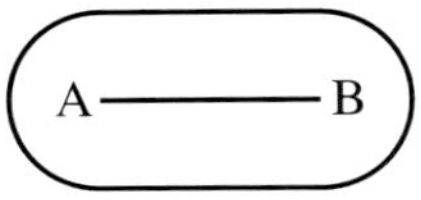 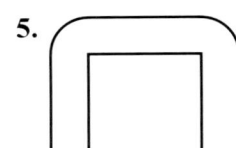    5.    6. a semi-circle    7.

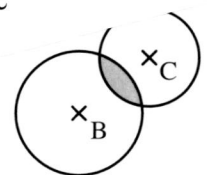
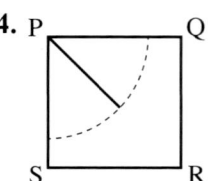

2.

3. hemisphere surface

4.

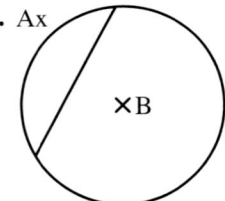

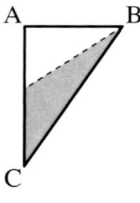

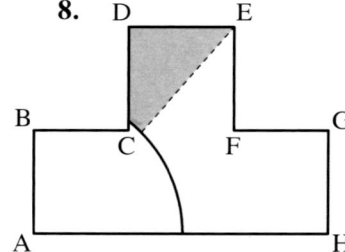

5.  6. 7.  8.

## 6.4 Changing the subject of a formula

### Page 133   HWK 1M

1. $x = m - v$
2. $x = n + y$
3. $x = a + b + c$
4. $x = 4a + p - y$
5. $x = a + m + 2n$
6. $x = m - ab$
7. $x = \dfrac{m}{b}$
8. $x = y + mn$
9. $x = \dfrac{m - n}{a}$
10. $x = \dfrac{b + c}{a}$
11. $x = \dfrac{p - y}{m}$
12. $x = m + m^2$
13. $y = \dfrac{2n + c}{m}$
14. $y = \dfrac{3n}{b}$
15. $y = \dfrac{m + n + p}{c}$
16. $y = \dfrac{n^2 - x^2}{n}$
17. $y = \dfrac{a + b - c}{n}$
18. $y = -\dfrac{n}{m}$
19. $y = \dfrac{a + b}{mn}$
20. $y = \dfrac{a + p}{mn}$
21. $y = \dfrac{c^2 - a^2}{b^2}$
22. $y = \dfrac{2c - 3ax}{5b}$
23. $y = \dfrac{5a^2 - b^2 - n^2}{m}$
24. $y = \dfrac{2p^3}{mn}$

### Page 134   HWK 1E

1. $x = \dfrac{a^2 - mn}{y}$
2. $x = \dfrac{n - my}{m}$
3. $x = \dfrac{m}{a + b}$
4. $x = \dfrac{y + ab}{a}$
5. $x = \dfrac{2m}{n}$
6. $x = \dfrac{n}{p - 2q}$
7. $x = \dfrac{a^2 + mn}{m}$
8. $x = \dfrac{y^2 - mn^2}{n^2}$
9. $x = \dfrac{a + mny}{mn}$
10. $x = \dfrac{b}{y(a + b)}$
11. $x = \dfrac{n^2}{m(a - b)}$
12. $x = \dfrac{p^2 - q^2 + mp}{m}$
13. (a) $x = \dfrac{a^2 - b - ny}{n}$ (b) $n = \dfrac{a^2 - b}{x + y}$
14. (a) $x = \dfrac{m^2 - n^2}{a - b}$ (b) $a = \dfrac{m^2 - n^2 + bx}{x}$

### Page 134   HWK 2M

1. $x = ab$
2. $x = 3mn$
3. $x = a(m + n)$
4. $x = y(m + n)$
5. $x = \dfrac{m}{n}$
6. $x = a(2m - n)$
7. $x = mp$
8. $x = \dfrac{a}{m + n}$
9. $x = \dfrac{a - b}{p + q}$
10. $x = \dfrac{m}{3a + 2b}$
11. $x = \dfrac{c - d}{m - n}$
12. $x = \dfrac{mn}{y}$
13. $x = \dfrac{an}{c}$
14. $x = \dfrac{a}{3b - 2y}$
15. $x = 3b(2m + n)$

*Page 134* **HWK 2E**

1. $x = \dfrac{m-n}{y}$
2. $x = \dfrac{m+3d}{a+b}$
3. $x = \dfrac{a^2(m+n)}{b}$
4. $x = \dfrac{abn^2}{m^2}$
5. $x = \dfrac{y^2}{\pi(a-b)}$
6. $x = \dfrac{n-am}{m}$
7. $x = \dfrac{m+acd}{cd}$
8. $x = \dfrac{a^2}{b-y}$
9. $x = \dfrac{bm-an}{a}$
10. $x = \dfrac{m}{\tan 30°}$
11. $x = \dfrac{\pi}{p(a+b)}$
12. $x = \dfrac{a - 8\pi r^2 y}{4\pi r^2}$
13. $x = n\cos 43° - m$
14. $x = \dfrac{n(a+b)}{m\tan 36°}$
15. $x = \dfrac{p(2h-3m) - 4mn + am}{m}$

*Page 135* **HWK 3M**

1. $x = a - b$
2. $x = p - a^2 - b^2$
3. $x = m^2 - n - y$
4. $x = p + 3q - 2n$
5. $x = \dfrac{p-n}{m}$
6. $x = b^2 - a^2 - m$
7. $x = \dfrac{n-4m}{b}$
8. $x = \dfrac{m^2 - n^2}{a}$
9. $x = \dfrac{4n^2 - 3p}{m}$
10. $x = \dfrac{m + 2n - mn}{p}$
11. $x = \dfrac{5a^2 - b^2}{4m}$
12. $x = \dfrac{a^2 - p^2 + m^2}{n^2}$
13. $x = \dfrac{m - an}{a}$
14. $x = \dfrac{mn - y}{m}$
15. $x = \dfrac{np - m^2}{n}$
16. $x = \dfrac{ab - 3n}{am}$
17. $x = \dfrac{am - a^2 - y^2}{mn}$
18. $x = \dfrac{y^3 - m}{ay}$
19. $x = \dfrac{m^2 n - 4y}{mn^2}$
20. $x = \dfrac{am + an - b^2}{a}$
21. $x = \dfrac{a^2 b^2 - n^2}{a^3}$

*Page 135* **HWK 3E**

1. $x = n^2 + m$
2. $x = \dfrac{n^2}{m^2}$
3. $x = \left(\dfrac{a-b}{n}\right)^2$
4. $x = \dfrac{y^2}{m}$
5. $x = \dfrac{m^2}{n^2}$
6. $x = 16a^2 - m$
7. $x = a^2 y$
8. $x = mny^2$
9. $x = \dfrac{a}{m^2}$
10. $x = \dfrac{3m}{p^2}$
11. $x = \dfrac{ny^2}{a^2}$
12. $x = \dfrac{16mn^2}{p^2} + a$
13. $n = \pm\sqrt{m+y}$
14. $n = \pm\sqrt{a-b}$
15. $n = \pm\sqrt{x} - y$
16. $n = \pm\sqrt{b} + a$
17. $n = \pm\sqrt{\dfrac{a-m}{p}}$
18. $n = \pm\sqrt{\dfrac{py}{m}}$
19. $n = \pm\sqrt{\dfrac{y(b+m)}{a}}$
20. $n = \dfrac{\pm\sqrt{w} - a}{p}$
21. $n = \dfrac{\pm\sqrt{y} - a}{3m}$
22. $n = \pm\sqrt{a-p}$
23. $n = \pm\sqrt{\dfrac{y(3m-a)}{b}}$
24. $n = \pm\sqrt{3am} + p$

*Page 136* **HWK 4E**

1. (a) $v = 8$  (b) $u = \sqrt{v^2 - 2as}$  (c) $u = 7$
2. (a) $A = 168\pi$  (b) $h = \dfrac{A - 2\pi r^2}{2\pi r}$  (c) $h = \dfrac{1}{3}$
3. (a) $r = \sqrt[3]{\dfrac{3V}{4\pi}}$  (b) $r = 6$
4. (a) $l = \dfrac{gT^2}{4\pi^2}$  (b) $l = 2\cdot 5$
5. (a) $\cos \hat{A} = \dfrac{b^2 + c^2 - a^2}{2bc}$  (b) $\hat{A} = 30°$

1. A and B
2. (a) 7·5 cm  (b) 10 cm  (c) 1·8 cm  (d) 4·5 cm
3. true
4. $a = 1·5$ cm and $b = 7·875$ cm
5. false
6. $a = 6·4$ cm and $b = 21$ cm

*Page 138*  **HWK 2M**

1. (a) and (d)
2. (a) $a = 17·5$ cm  (b) $b = 19·25$ cm  (c) $c = 2·8$ cm
   (d) $d = 1·8$ cm  (e) $e = 4·2$ cm  (f) $f = 5·76$ cm and $g = 9·216$ cm
3. $x = 2·6$ cm

*Page 139*  **HWK 2E**

1. $8\frac{1}{3}$ cm
2. (a) 4 cm  (b) 6 cm  (c) 5 cm
   (d) 3 cm  (e) 8 cm and 18 cm  (f) 21 cm and 27 cm
3. BC = 8 cm
4. (a) $x = 3·9$ cm  (b) $x = 5$ cm and $y = 7·5$ cm

*Page 140*  **HWK 3E**

1. $QR = 1·5$ cm
2. (a) $1·96875$ cm$^2$  (b) 16 times; area scale factor is (length scale factor)$^2$
3. Not similar
4. (a) use of corresponding angles  (b) 15 cm
5. 25 cm and 16 cm
6. 43·2 cm
7. (a) 24 cm  (b) 16 cm